EARTHQUAKE
地震来了
怎么办

刘济榕 北纬三十度◎著

U0178960

地震出版社

图书在版编目（CIP）数据

地震来了怎么办 / 刘济榕, 北纬三十度著 . -- 北京：
地震出版社 , 2024.5（2024.9 重印）
ISBN 978-7-5028-5651-9

Ⅰ . ①地⋯ Ⅱ . ①刘⋯ ②北⋯ Ⅲ . ①地震灾害－自
救互救－少儿读物 Ⅳ . ① P315.9-49

中国国家版本馆 CIP 数据核字 (2024) 第 074528 号

地震版　XM5862/P(6477)

地震来了怎么办

刘济榕　北纬三十度◎著

责任编辑：张轶

策划编辑：张轶

责任校对：凌樱

出版发行：地震出版社

北京市海淀区民族大学南路 9 号　　　　邮编：100081
发行部：68423031　68467991　　　　传真：684677911
总编办：68462709　68423029
http: // seismologicalpress.com
E-mail: 8712121@ qq. com

经销：全国各地新华书店

印刷：北京华强印刷有限公司

版 (印) 次：2024 年 5 月第一版　2024 年 9 月第四次印刷
开本：880 × 1230　1/16
字数：76 千字
印张：3
书号：ISBN 978-7-5028-5651-9
定价：32.00 元

目录 CONTENT

第三章　地震发生时的安全与自救

第四章　地震后的应对与救援

致小读者

尊敬的小读者：

地震是一种极其严重的自然灾害，给人类带来了巨大的伤害和损失。我们都知道，地震的威力是非常惊人的，但你们是否知道地震的原理以及如何预防和减少地震对我们的影响呢？

这本书将会以简洁易懂的语言和详细的图片，为大家讲解地震的科学原理、防范措施和应急处理方法。我们希望通过这本书，能够让大家更好地了解地震知识，增强自我防范意识，避免遭受地震灾害的危害。

在本书中，我们还将介绍许多常见的防震减灾知识，例如在地震时如何保持安全、如何迅速撤离、如何组织互助等。相信这些知识不仅可以帮助你们为自己的安全着想，同时也可以为他人的安全考虑做出自己的贡献。

最后，我们真诚地希望大家能够认真阅读这本书，并将其中的知识运用到实际生活中，加强自我保护、互相扶助，共同应对可能出现的地震灾害。感谢你们的阅读！

刘济椿

其实，地震 一直伴随着人类

形容地震的词语往往带有神秘的色彩，比如"天崩地裂""天摇地动"等。这些词语生动地展现了人类对于地震的直观感受和认识。

地震这件事，在古人看来神秘极了。

我国最早的地震记载见于《竹书记年》，公元前 1831 年"夏帝发七年陡泰山震"距今已有 3800 多年了。

在中国古代传说中，地震是由一条巨大的鳌鱼造成的。据说它的四只脚可以代替天柱，把天空撑起来。当它顶累了，就会上下翻动身体，大地就会震动起来。

"这么恐怖，泰山都震动了！"

不光是中国，世界各国都有关于地震的传说。

古印度人认为，地球是由站在大海龟背上的几头大象背负，它们分别是过增、清净、增长、耳明，这四位只要晃动大地，就会引发地震。

在古希腊传说中，海神波塞冬同时也是地震之神，这是因为希腊岛屿众多，地震常常伴着海啸的发生，而神话中波塞冬又掌握着海洋，所以人们错以为是海洋引起的海啸。

日本自古有"鲶鱼闹，地震到"的谚语，认为地球是靠一条巨大的鲶鱼支撑着，鲶鱼不高兴时，尾巴一甩，就造成了地震。

其实，地震和刮风、下雨一样，是一种常见的自然现象，是地壳运动的一种表现。

地球上每年会发生 500 多万次地震，还有很多时候，因为震动太小，人们甚至感觉不到。因此，并不一定所有的地震都会产生灾害，所以也不要一听说"地震"就恐惧。

地震超厉害

当地震发生时，地面震动幅度有时可达数米，更严重的甚至可以产生地貌的改变，如地表的裂隙、山峰的抬升、地面的沉降以及地形的变化等。

珠穆朗玛峰就是地震形成的。

我国是一个地震多发的国家，
因为我们处于地震带上。

揭开
地震的神秘面纱

地震又叫"地动"，或者"地震动"，是地震在释放能量的过程中，产生地震波的一种自然现象。

我们的地球日日夜夜都在快速地自转和公转，在转动过程中，地球的内部物质也在不停地进行分异，所以在地球表面的地壳或者说岩石圈，也在不停地运动，当这种改变积攒到一定程度后，就会产生地震。

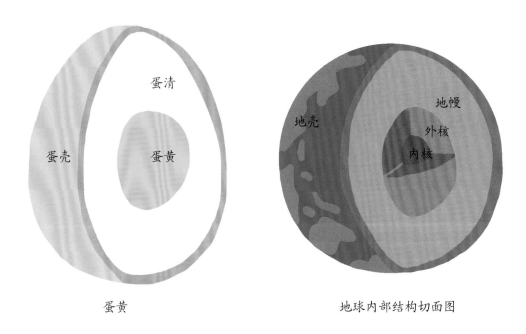

蛋黄   地球内部结构切面图

从地球的表面到地球核心，主要可以分为三个层次，即地壳、地幔和地核。如果将地球比作一个鸡蛋，则地壳为蛋壳，地幔为蛋清，地核为蛋黄。当地震发生的时候，我们脚下的大地就会像鸡蛋壳一样发生碎裂的现象。

地球的最外层就是我们脚下的大地，也就是地质学家所说的地壳。再往里面的一层叫作地幔，地幔又分为上地幔和下地幔两个层级，上地幔上部存在着一个软流圈，软流圈顾名思义，就是其物质已经接近熔融的临界状态，这也是我们说的岩浆的重要发源地。地核就是地球的核心部分，也分为内核和外核，外核是熔融态或是液态物质组成的，内核是固态的。

地震分为火山地震、塌陷地震、诱发地震和构造地震。

火山地震

在岩层中的岩浆被地壳运动挤来挤去，由于地壳运动，地壳产生裂缝，那么藏在岩层中的岩浆就会从裂缝中冲出地面，形成火山爆发。火山地震可产生在火山喷发的前夕或在火山喷发的同时。

塌陷地震

大地看起来很稳固，但事实上，我们脚下的那些岩石早就被地下水溶解、溶蚀形成了地下岩洞，人类也会为了开采矿物而进行地下挖掘。不论什么原因，地下被挖空都不是好事，这使得地下支撑变得薄弱，从而引发岩层塌陷而产生地震。

诱发地震

在特定地区因某种地壳外界因素诱发引起的地震称为诱发地震，这些外界因素可以是地下核爆炸、陨石坠落、石油钻井灌水等，其中最常见的是水库地震，水库蓄水后地壳裂缝承受的压力比原来增加了，导致地壳变得不稳定而产生的地震。

水库

有渗透路径

发震断层已达临界状态

有发震断层存在

地壳由不同形状的板块拼合而成。板块因为受到地球内部岩浆运动的能量产生的作用力会缓慢地移动。

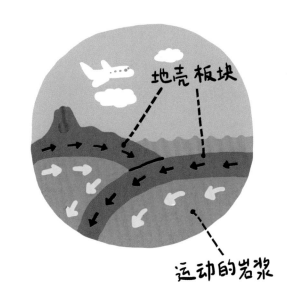

1 板块回弹引发的地震

当板块被挤压到一定程度，无法承受相互的作用力时，板块就会以回弹的形式离开板块的挤压，这种回弹会引发地震。我们想象我们在吃早餐的时候，玩两片面包的情形就能理解。

当没有余地再挤压时，两个板块就会一起向下俯冲。

板块和板块挤压在一起。

板块会以回弹的方式离开挤压，这种回弹会引发地震。

2 板块断裂引发的地震

板块之间互相挤压碰撞，产生断裂，从而让板块摆脱互相挤压的状态，从而释放能量，这种断裂也会产生地震。

板块相互挤压，发生断裂，引发地震。板块的断裂和回弹都会产生地震，所以处于板块交接处的地方，比较容易发生地震。

 地球的 6 大板块

法国著名地理学家萨维尔·勒皮雄在 1968 年将地球按照岩石圈分成 6 大板块：

① 太平洋板块：几乎完全位于海洋中。

② 亚欧板块：连接亚洲和欧洲的大陆地壳板块。

③ 非洲板块：连接非洲大陆的大陆地壳板块。

④ 美洲板块：连接北美洲和南美洲的大陆地壳板块。

⑤ 印度洋板块：连接印度大陆和大洋洲的大陆地壳板块。

⑥ 南极洲板块：主要构成南极大陆的大陆地壳板块。

地震的 各项指标

原来如此！

就像我们有身高体重这种衡量我们身体的指标，也有数学语文成绩这种衡量我们学习的指标一样，地震也有属于自己的地震指标，分别是震源、震中、震中距、震级、烈度、震源深度和地震波。

1 震源、震中和震中距

岩层中引起震动的地方叫作震源，地面上对应震源的位置叫作震中。

从我们所在地方到达震中位置的距离叫作震中距。震中距的距离越大，说明我们距离震中距离越远，受到地震影响越小，相反则影响越大。

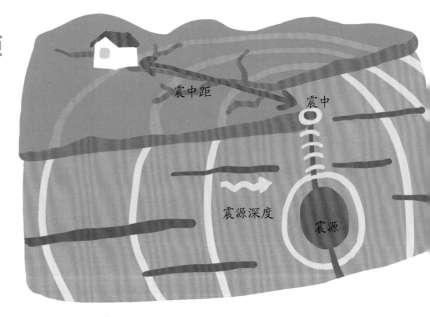

震中距　震中　震源深度　震源

2 震级和烈度

科学家根据地震释放的能量来判断地震的大小，也就是我们常说的震级，通常用字母 M 表示。地震愈大，震级数字也愈大。广岛原子弹所释放的能量相当于 5.5 级地震，唐山大地震是 7.8 级地震。

烈度是指地震的破坏程度，烈度越大，说明地震的破坏程度就越高，汶川地震和唐山地震烈度都达到了 XI。

地震震级　震级表示地震本身的大小，只与释放的能量有关。

不是

地震烈度　地震烈度反映地面的后果。

3 震源深度

震源和震中之间的距离称为震源深度。

震源距离我们越深，就越难感知到的地震。如果震源在浅层，距离我们比较近，那么就会造成强烈的震动和破坏性，因此，造成重大破坏的地震，基本上都是浅层地震。

根据震源深度，地震可被分为三种类型

浅源地震 震源深度小于 70 千米，占地震总数 70% 以上

中源地震 震源深度在 70 千米至 300 千米之间

深源地震 震源深度大于 300 千米

震源越浅，破坏性越大

横波

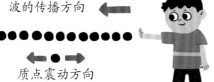

波的传播方向 ←

质点震动方向 ←→

纵波

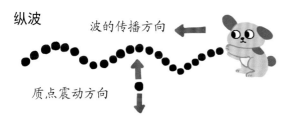

波的传播方向 ←

质点震动方向

4 地震波

我们在地震时感受到的上下左右的摇晃，来源于地震波的一对双胞胎，横波和纵波。

纵波上下震动，横波通常向左右两边震动，由于纵波的传播速度快，所以人们在地震的时候先感受到上下震动，停留几秒之后，横波就到了，人们感受到了左右摇晃。

弱震	有震感	中强震	强震
震级 < 3 级	3 级~ 4.5 级	4.5 级~ 6 级	震级 ≥ 6 级
不易察觉	可感知无破坏	可能会造成破坏	有破坏的地震
			≥ 8 级称巨大地震

震级相差一级，地震能量相差 32 倍

Ⅲ度　　Ⅲ度　　Ⅳ~Ⅴ度　　Ⅵ度　　Ⅶ~Ⅷ度　　Ⅸ~Ⅹ度　　Ⅺ~Ⅻ度

地震会
造成哪些灾害

知道更多地震带来的灾害，才能更好应对。

原生灾害

1 直接灾害

直接灾害是由地震的原生现象和地震弹性波等直接造成的灾害。地震断层是构造地震最重要的原生现象，当地震断层出露地表时即可看到，此外还有地震时造成的大范围的地面倾斜、升降和变形。地面震动会造成建筑物和构筑物的破坏，除地表鼓包，地基呈现地裂缝。

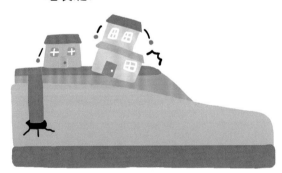

2 喷沙冒水

喷沙冒水现象是指地震震动诱发地下含水沙土层液化并向上喷发的现象。可以看到地表出现一些直径或长度几厘米到数米的沙堆积物，以及相关的裂缝、沙盖、沙柱和喷沙口等。遇到这种现象，千万不要因为好奇而围观，而是要尽量去高的地方避险。

3 崩塌

由于地震的原因，较陡山坡上的岩体和土体被垂直裂缝切割，失去稳定，在重力作用下向下崩落、掉落、滚动跌落在山脚的自然灾害称为崩塌。遇到崩塌时，如果在山脚下就向两侧逃生，如果在山顶，就向崩塌体后面或两侧逃生。

易发生崩塌地形

4 滑坡和泥石流

山区沟谷中发生地震时，容易引发山体滑坡和泥石流等自然灾害。发生地震时，山上的土和岩石就容易松动甚至向下滑动，这就是山体滑坡。如果此时还有暴雨、大量冰融水或江湖、水库溃决后大量快速的水流将山坡或沟谷中的大量泥沙、石块等固体物质一起冲走，形成较黏腻的特殊洪流，就是泥石流。泥石流不但会毁坏山下的民居、农田，还会阻断交通河道，破坏力极强。

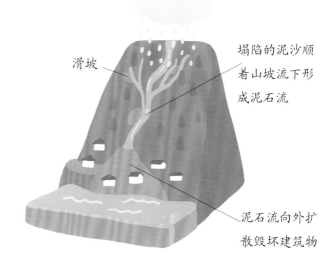

滑坡

塌陷的泥沙顺着山坡流下形成泥石流

泥石流向外扩散毁坏建筑物

5 海啸

震源在海底 50 千米以内、里氏震级 6.5 以上的海底地震容易引起海啸，海啸的波速高达每小时 700 ～ 800 千米，在几小时内就能横跨大洋，在茫茫的大洋里波高不足一米，但当到达海岸浅水地带时，波长减短而波高急剧增高，可达数十米，形成含有巨大能量的"水墙"。6.5级以上地震比较容易引发海啸。海啸的破坏力极强，可以摧毁堤岸，淹没陆地，夺走生命财产。

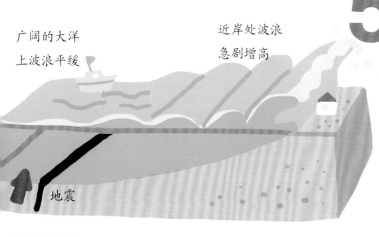

广阔的大洋上波浪平缓

近岸处波浪急剧增高

地震

次生灾害

由于地震打破社会和自然原有平衡状态和正常秩序从而导致的灾害，比如地震水灾，地震火灾，有毒液体、气体泄漏造成的灾害。

诱发灾害

地震之后可能会产生瘟疫或者饥荒，随着科技进步，还会出现如交通事故、通信事故、地震谣言等。

无信号

?!

能干的地动仪

我国是一个地震多发的国家，自古以来就对地震研究十分重视，其中最有名的当属东汉时期的张衡，他在公元132年发明了世界上第一台地震仪——候风地动仪。

根据《后汉书》的记载，候风地动仪由精铜铸造，直径1.8～1.9米，形状像一个大酒樽。大酒樽的内部立一根铜柱，周围则是八个口含铜珠的龙头，分布在八个方位，每个龙头的下面各有一只蟾蜍。当发生地震时，中间的铜柱就会失去平衡，倒向其中一个龙头，使相应的龙头张开，小铜珠就会掉入蟾蜍口中。通过观察哪个龙头张开，就能知道地震的发生时间和方向。这个装置非常灵敏，可以在地震波传播的第一时间就开始运作，真的非常神奇。

现代意义上的地震仪诞生于19世纪。

1875年，意大利物理学家切基发明了两分向地震仪。虽然这个装置并不灵敏，但开启了后来模拟地震仪的时代。这也是目前学界公认的第一台现代地震仪。

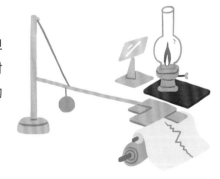

1855年，意大利物理学家帕尔米耶里设计了一个复杂的机械装置，通过水银在地震时的运动记录地震发生的时间、相对强度和持续时间。

1893年，英国人约翰·米尔恩发明了著名的水平摆地震仪，并成功记录了日本的几次地震，是世界上第一台精确的地震仪。

辟谣啦！

天空惊现奇特的云，要地震了?
辟谣：事实上根本不存在"地震云"。看似怪异的"放射云""排骨云""鱼鳞云"等都是常见的云彩，在气象学上都有合理的科学解释。它们只是碰巧出现在了某次地震前，不是能够预测地震的"地震云"。

"天现红光"与地震有关?
辟谣：其实，生活中经常见到天空泛起红光，其出现的原因是太阳光进入大气层后的散射现象，与地下介质的运动无关，这种天空中的"红光"与地震没有内在联系。

除了地球，在月球、火星的探测器上也有专用的地震仪，为人类了解地外世界提供了丰富的信息。

如今地震仪甚至能在非常安静的地点检测到千万分之一厘米级别的振动，在监测地震方面实现了极大进步。有了更好的监测设备、更充实的地震科学，我们才能更加了解地球的变化，更好应对灾难。

机器虽然可以帮到我们，但也不要忘记学习应急知识，有备无患。

1901 年德国物理学家维歇尔特发明了倒立摆阻尼地震仪，提高了记录信号的能力。

1976 年瑞士科学家首先研发了力平衡反馈地震仪。极大拓宽了频带、提高了动态范围，并实现了计算机存储、显示功能。

1906 年俄国物理学家伽里津发明了电磁式地震仪，首次引入了电流计，使得地震监测的灵敏度大幅提高。

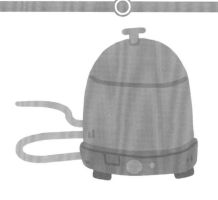

准备家庭地震应急包

地震是突发事件，虽然不常发生，但我们需要知道在地震发生时如何保护自己。一个很好的方法就是准备一个地震应急包，在这个包里装上我们在遇到地震时需要的一切东西，帮助我们在地震发生时保持安全、舒适和应对各种突如其来的变化。让我们一起来看看如何准备这个特殊的包吧！

确认应急包中的物品

1 食品类

能量棒、罐头类食品、压缩饼干、方便食品、足够 3 天的饮用水。

tips：记住！要放一些易保存的食物。

2 衣物类

毛衣、毯子或者外套、雨衣。

tips：切记！要按照轻便、实用的原则准备。

3 应急物品类

手电筒、充电宝、多功能军刀、急救绳、打火机、多功能锤、家附近的地图和逃生路线。

tips：一定要放在便于拿取的地方！

4 药品类

创可贴、消毒棉球、止痛药、退烧药、止泻药、医用纱布和胶布。

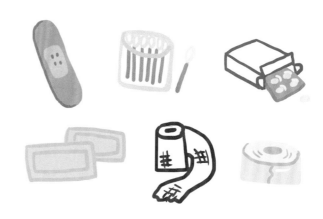

5 特殊物品

如果你有特殊的需要，比如药物、眼镜或者听力设备，确保把它们放在应急包里。

6 重要文件

家庭成员名单、联系电话和地址写在一张纸上，放在应急包里。

xxx 电话：——.
住址：——

选择一个坚固的背包

找一个坚固的背包，最好是可以背在肩上的。如果没有背包，箱子也可以。最好有背带，这样你可以方便地携带它，无论在家里还是外出时都很方便。

小贴士 Tips

1. 把地震应急包放在一个容易找到的地方，且最好是家里的一个固定位置。这样，你在地震发生时可以迅速拿到它。

2. 定期检查食物和水，确保它们没有过期。如果你发现食物快过期了，记得用新的替换它们。

3. 如果你不知道如何使用急救用品，请求家长或老师教你。知道怎么处理小伤口很重要。

4. 和家人一起练习家庭的逃生路线，这会帮助你在地震发生时更加从容。

5. 最重要的是，听从大人的指示。他们会告诉你该怎么做，以确保你的安全。

安全隐患排查
要做好

安全隐患排查

客厅防震标准

钟表、相框应固定在墙面上，防止掉落。

置物架应尽量固定在墙上，置物架内物品摆放要做到"重在下、轻在上"。

玻璃窗、玻璃门应贴上保护膜，防止玻璃破碎后碎片四溅。

使用防滑地毯或者使用地毯防滑垫，以减少在地震时地毯滑动的可能性。

尽量不使用带轮子的家具，以防地震时滑移。

电视底部要进行固定。

卫生间防震标准

储物柜应牢固钉在墙上，并选用带锁扣的柜门。

马桶、洗手盆应固定在地面和墙体上。

地面选择防滑地砖或地板材料，以免地震时滑倒。

厨房防震标准

橱柜选用质量好的板材，并将其固定在天花板或者墙体上。

冰箱、洗碗机不要选用有滑轮的，以防地震时滑移。

定期检查燃气管道，确保它们处于良好的状态，减少在地震中发生破裂或泄漏的可能性。

菜刀等尖锐的刀具要归纳到橱柜中，避免掉落伤人。

餐桌下不要堆放杂物，以便地震来临时躲藏。

熟悉自家附近的·
安全疏散路线

終点

E

F

从家里去避难所，走哪条路

前往紧急避难所的路上，要注意避开危险

在错误的道路上，有很多危险隐藏在环境中。A路线上的高塔可能会倒下，造成危险，所以不能选择A路线。C路线上有化工厂，可能会泄漏有毒气体，会造成生命危险，所以不选择C路线。F路线上有倒下的树，也会为去安全场所造成阻碍。

和家人和身边的朋友一起确认一下，走哪一条路更安全吧！

提前和家人约定好

1 确认将来的集合地点

遇到地震无法找到对方时，有个大家约定好的明确位置可以找到彼此。

2 写好留言条

用油性笔写在胶带纸上，胶带纸可以抵抗地震过后的风雨。如果用普通纸容易被风吹跑或吹破。

3 明确将来取得联系的方法

在网上的某个地方可以彼此留言，电子邮件，使用有卫星通信的手机取得联系，去官方指定的救助站留言。

地震发生时的感觉

1 感觉像在游乐场坐海盗船

头晕得厉害，手却根本没有地方扶。

2 感觉地球被外星人攻击了

外面的灯全都灭了，漆黑一片。

3 感觉超大行星撞击地球了

只听见"轰隆轰隆""咚咚咚"的声音，没意识到是地震，还以为是电影里地球被撞击了。

4 感觉地板被人从下面掰开

像科幻片一样，一直告诉自己在做梦。

5 感觉有人在摇晃我

身体都不是自己的，好像一双无形的手在拼命地上下摇晃我。

23

安全避震的
首要原则

地震发生时一定要牢记："三要""三不要"

要 沉着应震，就近躲避

要 正确的避震姿势

要 选择有利的避震空间

地震发生时，一定要保持清醒的头脑和冷静的态度，震时就近安全躲避，震后迅速撤离到安全地方。

要趴下、蹲下或坐下，尽量使身体的重心降低，并保护身体的重要部位。

要选择结实、不易倾倒、能掩护身体的物体或有支撑的物体下躲藏。

 不要 惊慌失措，盲目乱跑

 不要 慌不择路选择跳楼

 不要 乘坐电梯，要走楼梯

在家中如何避震

在家里第一时间保证安全很重要！

1 家具最好放在同一侧

如果只放在一侧，当它们倒塌的时候，不会出现互相叠加的情况，挡住逃生的道路。

2 远离墙上和天花板上的装饰物

远离墙上和天花板上的装饰物，如吊灯、镜子、洗手盆等，因为这些东西掉下，会砸到我们。

3 远离厨房

迅速远离灶台、煤气罐等可能带来火灾风险的地方。

4 找到支撑的地方

找到家中可以支撑的地方，如承重墙的墙角或桌子下面，并用枕头或者被子保护头部。

在学校
如何避震

1 **利用课桌、讲台避险，并用书包保护头部**

充分利用学校已有的有支撑的物体保护自己，如果实在不方便，也可以利用书包保护住头部。

2 **就近寻找安全位置躲避**

在楼房里的同学，如果当时处在二层或二层以上，不可盲目跳楼逃生，也不要在门窗处避险，可根据情况就近选择书桌、试验台、暖气旁蹲伏，或在承重墙的墙根、墙角处躲避。

3 **去开阔地方避震**

在平房和一层的学生可迅速跑出教室，到开阔的地方避震。

4 **蹲下保护住头部**

在操场或者室外时，注意躲避高大的建筑物，不要回教室。可找开阔的地方蹲下，并保护头部。

在公共场所
如何紧急避震

1 在影剧院、体育场馆

可蹲在座椅旁或者舞台下，震后在工作人员的引导下有序撤离。

2 在商场、书店、图书馆、地铁、博物馆等室内场所

尽量选择结实的柜台、墙角等处蹲下。注意要远离窗户、高大的货架、易碎品、吊灯、广告牌等。

3 不要慌乱，尽量避开人群

如被挤入人流，要防止摔倒，把双手交叉在胸前保护自己。

户外避震的关键

地震时，户外的人应该往哪里躲呢？

2 要避开高大的建（构）筑物

如楼房、高大烟囱等，特别是要躲开玻璃幕墙的高大建筑。同时也要注意避开危旧房屋和狭窄的街道。

1 在开阔的户外

就地蹲下或趴下，双手交叉放在头上，用适合的东西罩在头上，不要慌张乱跑，不要随便返回室内，避开人多的地方。

3 避开高耸或悬挂的危险物

避开如电线杆、路灯、广告牌、吊车等。

4 在汽车上怎么办

在汽车上的人会被路边坠落的物体砸伤。可以将车靠边停下，在车旁坐下或躺在车边就可以了。在停车场时也不应留在车内，以免垮下来的天花板压扁汽车，造成伤害。

5 切勿躲在地下

切勿躲在地窖、隧道或地下通道内，因为地震产生的碎石瓦砾会填满或堵塞出口。

6 躲开过街天桥和立交桥

不要停留在过街天桥、立交桥的上面和下方。

野外避震的关键

1 地震时避开水边的危险环境

远离河边、湖边，以防河岸坍塌而落水，或上游水库坍塌下游涨水；远离海边以防遇到海啸。

远离桥面或桥下。以防桥梁坍塌时受伤。

2 地震时避开山边的危险环境

远离山脚下、陡崖边，以防山崩、滚石、泥石流等。远离陡峭的山坡、山崖，以防地裂、滑坡等。如遇到山崩、滑坡，要向与滚石前进垂直方向跑，切不可顺着滚石方向往山下跑。

3 地震时在外面要选择开阔、稳定的地方就地避震

最好采用蹲下或趴下的姿势，以防摔倒；也可以蹲在地沟、坎下；特别要保护好头部。

避风，背朝风向。如果附近有化工厂，以免吸进有毒气体。

4 其他户外情况

远离变压器、高压线，以防触电。注意远离易燃、易爆品仓库。以防发生意外事故时受到伤害。

地震求生小锦囊：各种情境下的处理方法

1 ## 如果逃生时走廊里有浓烟，应该怎么做

逃生时如果走廊有浓烟，防止吸入烟雾很重要。如果烟雾中有有毒气体，那么会对我们的身体造成损伤，甚至会让我们失去意识，丧失逃生的机会。

出口

2 ## 电梯里遇到地震应该按哪层最安全

电梯很可能因为地震而停运，逃生的原则是尽可能不乘坐电梯。然而，如果地震时我们就在电梯里，你可能觉得我们需要先按一层，然后再逃生。但这不是最佳解决方案，我们应该尽快逃出电梯，所以请按下所有楼层键，电梯停在哪层就是哪层，从电梯出来，走楼梯逃生吧。

3 如果在街道上，怎么办

广告牌、大厦玻璃幕墙等东西在地震时都容易从被固定的建筑物上脱落。如果慌张地跑到机动车道上，也容易被机动车撞到，最安全的方法是把书包顶在头上，赶紧蹲下，等待地震结束，再去安全的地方。

5 如果在列车上，怎么办

发生大地震的时候，列车会自动停下来。如果平时没有养成手握扶手的好习惯，此时就有可能因急刹车被甩出去。列车停车后，不要慌张，等待列车广播的指挥，进行逃生。

4 如果在地下空间，怎么办

若在地下空间遇到地震，第一反映肯定是手忙脚乱想要赶快回到地面上。但是如果大家都集中往外跑，就容易把出口堵住，还可能会发生踩踏。其实我们的地下建筑物都非常稳固，按照顺序，冷静地离开就可以了。

地震后的情形

1 地震过后，眼前的样子

地震过后，你看到的可能到处都是残垣颓瓦，
救人的人，被救出的人
找人的人，找不到人的人
无能为力发呆的人和匆忙奔跑的人……

2 遍地都是碎瓦砾和玻璃碎片

提前准备好厚鞋子穿上，如果实在没有，可以铺层毯子再走也是个好方法。

3 到处都是尘埃，有口罩就戴上吧

地震刚刚结束的时候，到处都是烟尘，这让人很不耐受，还可能引起多种疾病，必须戴好口罩做好防尘工作。

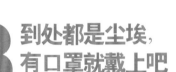

4 地震后的大雨，让人们无助

大家挤在操场上避难，天空却下起了倾盆大雨，连这么一处安身之所都没了，大家连去哪里躲都不知道……

7 听到巨大的声音，就会担心害怕

直升机在盘旋：刚刚经历地震的人，听到直升机的螺旋桨声，都会害怕，因为那样大的声音让人害怕……

5 还有人在拍照，太可恶了

摄影师在拍照：我不明白为什么要拍我们，大家都这么惨了……其实这些记者只是让全国人民知道情况而已，而当时我们会被莫名其妙的情绪充斥着，会非常反感拍照。

8 水，很珍贵

水的供应一开始很困难：由于一开始没有足够的水，所以水资源就变得格外珍贵。

6 去避难所，见到志愿者，感觉安心

大家刚刚到避难所没多久，志愿者就出现了。这让我们觉得很安心，世界没有遗弃我们。

地震过后怎么办

地震发生之后，余震和余震之间还是有时间可以让我们逃生，所以知道自己可以做什么很重要！

1 地震摇晃停下来该做什么

门和窗户在地震的强烈作用下，容易产生变形，会导致打不开。这样就算屋子没有什么损坏，也无法立即离开。为了防止这类事件的发生，保留一条逃生通道至关重要。

2 门打不开，你被关在屋里怎么办

用坚硬的物体敲打房门或者墙壁，比如用盆锅等东西敲击制造声音。被困的时候，很想让外面的人知道吧？其实大声呼叫比你想象中更费力气，也许你可能要被困很久，所以尽量节约一些体力吧。

3 如果你已经求救累了，请利用光线和手边的声音发出求救信号吧

利用反射太阳光的方式，不一定必须是镜子，只要可以反射太阳光就可以。通过调整角度，可以将光线投射到很远的地方。
如果利用声音求助，闹钟、哨子和警报器也是好方法。

4 家里好像很危险，家人不在家，怎么办

当发生地震时，保证自己的生命安全才是第一重要的事。如果家中没有人，即便一个人，也应该鼓足勇气出门避险。可以等待成功避险后，再和家人取得联系。如果发生这类情况，那么提前跟家人沟通好联系方式，以及将来的汇合地点也很重要，和家人平时多聊一聊。

自救和互救
一样重要

互助最重要的时间是
抓住黄金救助 72 小时

1 人体缺水极限为 72 小时

人也许可以在脱水的情况下生存五六天，但超过 72 小时后，如果处理不当再补充营养可能会加速器官衰竭。

时间在流逝   72 小时

失水率（占体重）      **症状**

轻度脱水	2% ～ 3%
中度脱水	3% ～ 6%
重度脱水	6% 以上

头痛，头晕无力，皮肤弹性降低。

体表症状明显，循坏功能不全。

上述症状加重，甚至休克昏迷。

第一天
90% 左右

第二天
50% 左右

第三天
30% 左右

存活率

2 救援存活率随时间递减

地震发生的第一天被救出的幸存者 90% 左右可能活下来；第二天救出来，还有 50% 左右的存活可能性；第三天有 30% 左右的存活率。越往后，存活率越低。

3 有人被埋在下面怎么办

相信你看到有人被压也很着急，但是只靠小朋友的力量是很难把坍塌物移动的。如果有人被压住，说明在周围还有容易倒塌的物体，这是一个很危险的地方，不要试图自己移动坍塌物，这可能改变坍塌物的结构，让下面的人更难受，去找一些强壮的成年人来帮助他吧。

4 妥善处理伤口

如果出现伤口，可以自己先用矿泉水冲洗，再包扎止血简单处理伤口。如果手边没有纱布，保鲜膜也是临时的选择。等救援和医护人员到位，再做进一步处理。

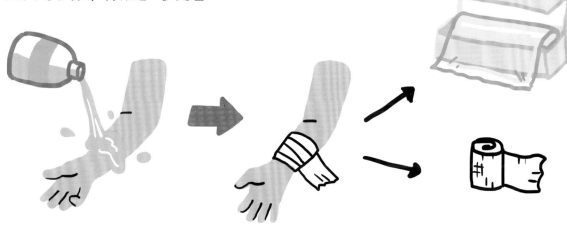

5 如果出现骨折

如有骨折端外露，注意不要将骨折端放回原处，以免引起深部感染。

如果骨折伴随出血，应先用上述包扎法处理伤口，然后再做临时固定。临时固定时，不要随意拉扯或搬运病人，保持伤肢位置不动，最好用夹板固定。就地取材，可以用木棍、竹片、树枝、书本等做成的夹板固定。

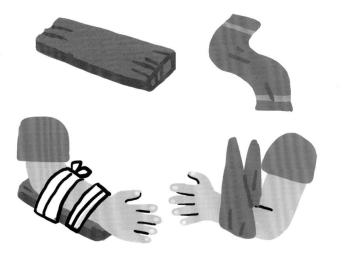

地震求生小锦囊：
保鲜膜和大手绢的实用方法

1 超实用的保鲜膜和塑料袋

将保鲜膜铺在盘子上，就可以不用每次都洗盘子。

把保鲜膜套在杯子上也一样，每次更换保鲜膜就可以。

将书包套上塑料袋，这时书包就变成可以搬运水的水桶。

2 大手绢展现的求生智慧

止血用：如果血流不止，用大手绢绑住伤口上面的地方，帮助我们止血，有时甚至还能防止失血过多造成的严重后果。

做包裹：如果需要装一些重要的东西，又一时无法装进口袋，把手帕变成大包裹，也是一个不错的选择。

用于过滤水：手绢的纤维结构致密，可以对饮用水的过滤发挥积极作用。如果想初步过滤浑浊的河水用来煮饭，那么手绢是必不可少的工具。